又好看又好玩

大师数学课

烧脑游戏

［苏］别莱利曼 / 著

申哲宇 / 译

北京联合出版公司

Beijing United Publishing Co.,Ltd.

图书在版编目（CIP）数据

烧脑游戏 /（苏）别莱利曼著；申哲宇译 . — 北京：北京联合出版公司，2024.7

（又好看又好玩的大师数学课）

ISBN 978-7-5596-7656-6

Ⅰ．①烧… Ⅱ．①别… ②申… Ⅲ．①数学—青少年读物 Ⅳ．①O1-49

中国国家版本馆CIP数据核字（2024）第105284号

又好看又好玩的大师数学课 烧脑游戏

YOU HAOKAN YOU HAOWAN DE DASHI SHUXUEKE   SHAONAO YOUXI

作　　者：[苏]别莱利曼

译　　者：申哲宇

出 品 人：赵红仕

责任编辑：高霁月

封面设计：赵天飞

北京联合出版公司出版

（北京市西城区德外大街83号楼9层　100088）

河北佳创奇点彩色印刷有限公司印刷　新华书店经销

字数300千字　875毫米×1255毫米　1/32　15印张

2024年7月第1版　2024年7月第1次印刷

ISBN 978-7-5596-7656-6

定价：98.00元（全5册）

CONTENTS
目 录

01 如何排成 6 排 /1

02 勾掉哪些 0？/1

03 格子窗帘上的苍蝇 /2

04 松鼠、兔子跳跳跳 /3

05 三兄弟找路 /5

06 被砍掉的树 /7

07 直线切割法 /8

08 分割表盘 /9

09 拼接一个正方形 /9

10 木匠的检验方法 /10

11 第二个木匠 /11

12 第三个木匠 /11

13 拼成十字形 /12

14 扩建池塘 /12

15 排硬币 /13

16 4 个变 3 个 /14

17 摆直角 /14

18 移动两根火柴 /16

19 取走 8 根火柴 /16

20 取走 4 根火柴 /17

21 取走 6 根火柴 /18

22 取走 7 根火柴 /19

23 用 12 根火柴组图（一）/19

24 用 12 根火柴组图（二）/20

25 取走 5 根火柴 /20

26 用 18 根火柴组图 /21

27 挖土工的数量 /21

28 多久能锯完？ /22

29 细木工赚了多少钱？ /22

30 削土豆皮的时间 /23

31 面粉有多重？ /24

32 何时相聚 /26

33 干杯吧，朋友！ /26

34 价格升降 /27

35 剩下哪桶酒？ /27

36 空罐子有多重？ /28

37 称水果 /29

38 指针何时重合？ /30

39 指针何时指向相反方向？ /32

40 这样的时刻有多少？ /33

41 返程的疑惑 /35

42 帆船比赛 /36

43 多久能追上？ /37

44 打字工作 /38

45 水和啤酒 /39

46 谁可能赢？ /40

47 孩子的数量 /41

48 吃早餐的人 /42

49 蜗牛爬呀爬 /42

50 寒鸦与树枝 /43

51 三代人的年龄 /44

52 父子的年龄 /45

53 车票问题 /46

54 怎么平分？ /47

55 分牛奶 /49

56 分牛 /50

57 分苹果 /52

58 怎么分钱？ /54

59 侦察兵过河 /55

60 各有多少枚？ /56

61 硬币与火柴 /56

62 小人国里的床 /58

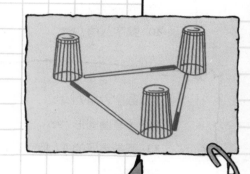

63 巨人国里的书 /59

64 7 数组合 /60

65 4 个 2 /61

66 5 个 2 /61

67 又是 5 个 2 /61

68 5 个 3 /62

69 5 个 9 /63

70 如何得到 20？ /63

71 如何得到 1111？ /64

72 和大于积 /65

73 积等于商 /66

74 积是和的 10 倍 /66

75 残缺的乘式 /67

76 有趣的乘式 /69

77 商是多少？ /70

78 可以被 11 整除的数 /73

79 数字三角 /73

80 数字八角 /74

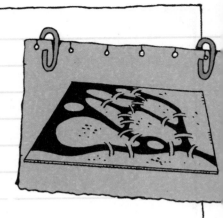

81 数字六角 /75

82 一笔画图形 /76

83 圣彼得堡的 17 桥问题 /79

84 搭小桥 /80

85 符合要求的塞子 /80

86 比容量 /81

87 哪个更重？ /82

88 正方形的数量 /83

89 放大镜下的角 /84

90 能摆多高？ /85

91 最短路线 /85

92 多米诺骨牌 /87

93 关于 "32" 的游戏 /88

94 又一个关于 "32" 的游戏 /90

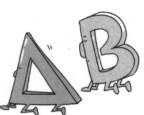

烧脑游戏

01 如何排成6排

有这样一个游戏：将9匹马安置在10个围栏中，使每个围栏里都有一匹马。下面将要提出的问题与这个游戏类似，这个问题是：如何将24个人排成6排，使每排都有5个人。

【解】答案如图1所示。24个人按六边形排队，就能满足每排都有5个人的条件。

<图1>

02 勾掉哪些0？

见图2，方格中有36个0，需要勾掉其中的12个，使横行、竖行剩下的0数目相同。应该勾掉哪些0呢？

0	0	0	0	0	0
0	0	0	0	0	0
0	0	0	0	0	0
0	0	0	0	0	0
0	0	0	0	0	0
0	0	0	0	0	0

<图2>

【解】答案如图3所示。勾掉12个0后，剩下的24个0，

1

每行、每列都有 4 个。具体勾掉了哪些，下面的排列可以直观看出：

0		0	0	0	
		0	0	0	0
0	0	0			0
0	0		0		0
0	0			0	0
	0	0	0	0	

<图 3>

03 格子窗帘上的苍蝇

9 只苍蝇落在了格子窗帘上的"格子"里，这些苍蝇的停落位置如图 4 所示。有趣的是，任意两只苍蝇都不在同一行或同一列上。

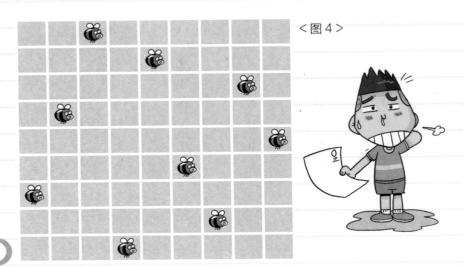

<图 4>

几分钟后，有 3 只苍蝇爬到了其他空格中，剩下的 6 只苍蝇没有动过，还在原来的位置。不过，即便有 3 只苍蝇移动了位置，所有苍蝇仍然保持着任意两只都不在同一行或同一列上的状态。

那 3 只苍蝇是如何移动的？

【解】图 5 中箭头所在的方格，是 3 只苍蝇原来待的位置，箭头所指的方格是 3 只苍蝇移动后的位置。

＜图 5＞

04 松鼠、兔子跳跳跳

图 6 中有 8 个木桩。1 号桩和 3 号桩上坐着兔子，6

<图6>

号桩和8号桩上坐着松鼠。不过兔子和松鼠都不满意自己的位置，它们想要换一换——松鼠想换兔子的位置，兔子也想换松鼠的。它们可以通过跳木桩的方式来实现愿望，但要遵守下面的规则：

一、只能按照图中标示的木桩之间的路线跳跃，每只动物都可以连续跳。

二、一个木桩只能坐一只动物。

那么，最少跳多少次，松鼠和兔子才能换好位置？

【解】最少跳16次，下面是跳跃方法：

1→5	7→1	3→7	8→4
8→4	6→2	1→5	2→8
3→7	5→6	6→2	7→1
4→3	2→8	5→6	4→3

这些数字表示如何跳跃，比如 1 → 5 是指兔子从 1 号桩跳到 5 号桩。松鼠和兔子换好位置，一共需要跳 16 次。

05 三兄弟找路

彼得、巴维尔、雅科夫三兄弟每人都有一块地，这三块地排列在一起且离家不远。从图 7 可以看出，房子和地的分布情况并不便于三兄弟去干活儿。三人曾想换地，但因为分歧太大，最后不了了之。

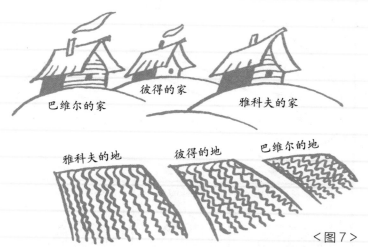

巴维尔的家　　彼得的家　　雅科夫的家

雅科夫的地　　彼得的地　　巴维尔的地

〈图 7〉

现在，三兄弟都打算在自己的地上建菜园，但他们去菜园最近的路却交叉在一起，三兄弟很快发生了争执。为

又好看又好玩的 大师数学课

了避免争吵，三兄弟决定各找一条能到达自己的菜园且不会与别人交叉的路线。不久之后，三兄弟终于找到了这样的路。现在，他们每天去菜园都不会碰见彼此了。

你能找出这三条路吗？需要注意的是，三条路都不能绕过彼得家的后面。

【解】图 8 就是三兄弟分别找到的路。为了彼此不再碰面，彼得和巴维尔不得不绕远。

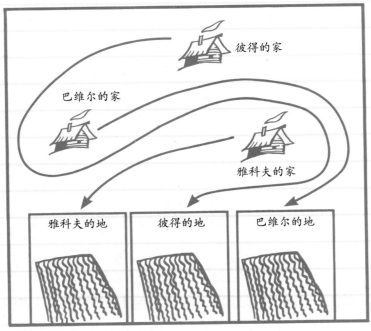

<图8>

06 被砍掉的树

果园里种着 49 棵树，分布情况如图 9。园丁觉得树太多，想砍掉一些，种些花卉。他找来了工人，说："留下 5 排树，每排 4 棵，剩下的砍掉给你用吧。"

工人砍完后，园丁来查看，这才发现果园里的树几乎被砍光——工人只留下了 10 棵树，砍掉了 39 棵。

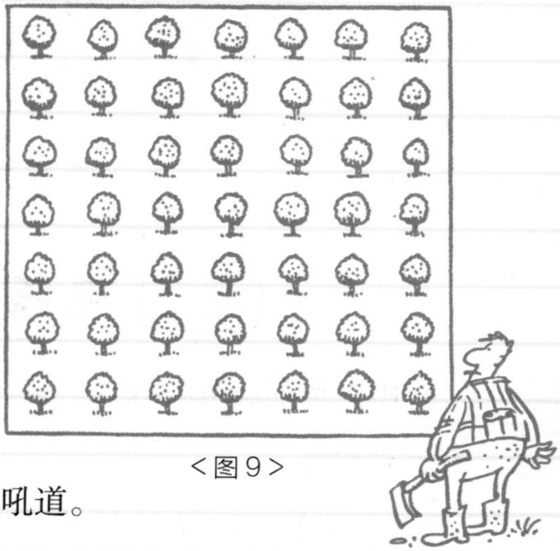

"你为什么砍掉这么多？我不是说过要留下 20 棵吗？"园丁朝工人吼道。

<图9>

"不，你没说留下'20'棵，只说留下 5 排树，每排 4 棵。你看，我就是按你的要求做的。"工人说道。

园丁仔细地看了看，发现剩下的树的确有 5 排，每排也都有 4 棵。工人确实是按要求完成的，但却多砍了 10 棵树！他是如何实现的呢？

【解】图 10 是剩下的树的分布。它们共有 5 排，每排

4 棵树。

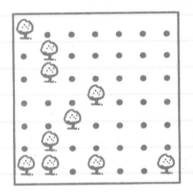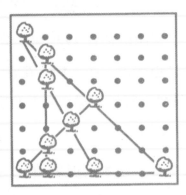

<图 10>

07 直线切割法

用三条直线切割图 11，使之分成七部分，且每部分都有一只动物。

【解】答案如图 12 所示。

<图 11>　　　　　　　　<图 12>

08 分割表盘

请把图 13 的表盘分割成六部分，无论什么形状都可以，但要使各部分数字之和相等。这道题不仅考察你的灵活性，还考察你的思维能力。

<图 13>

【解】表盘上所有数字之和是 78。分割成六部分后，每个部分的数字之和则是 78÷6=13。具体切割方法见图 14。

<图 14>

09 拼接一个正方形

（1）想一想，如何将图 15-1 所示的 5 个图形拼接成一个正方形。

（2）图 15-2 是 5 个相同形状的三角形（其一条直角边的长度是另一条直角边的 2 倍），请将这 5 个三角形拼接成一个正方形。拼接时，可以把其中一个三角形剪成两部分，其他 4 个不能

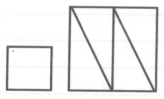

<图 15-1>

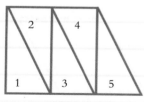

<图 15-2>

动。该如何剪裁拼接呢?

【解】(1)答案如图 16-1 所示。

(2)答案如图 16-2 所示,其中一个三角形被剪成 a、b 两部分。

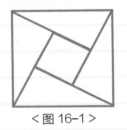

<图 16-1>

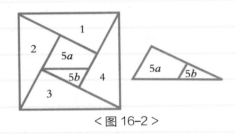

<图 16-2>

10 木匠的检验方法

一个木匠在检验自己锯出来的木板是不是正方形时,用了下面的方法,即测量四条边的边长,如果四条边长度相等,那么就是正方形。这种检验方法准确吗?

【解】不准确。见图 17,符合其要求的四边形不一定是正方形,也可能是菱形。

<图 17>

11 第二个木匠

又有一个木匠提出了新的检验方法，他的方法是量对角线。如果两条对角线一样长，木匠就认为他锯出的木板是正方形。这种检验方法准确吗？

【解】不准确。正方形的对角线确实一样长，但不是所有对角线一样长的四边形都是正方形，图18很清楚地告诉了我们这一点。

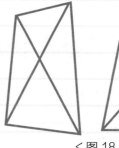

<图 18>

12 第三个木匠

第三个木匠在检验的时候发现了一个现象——正方形被两条对角线分割出来的四部分面积相等，如图19。他认为这是检验正方形的方法。你觉得这种方法准确吗？

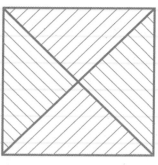

<图 19>

【解】不准确。如图20所示，不仅正方形符合这个条

件，长方形也符合。

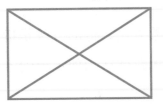

<图20>

13 拼成十字形

请将图 21 所示的 5 个图形拼成十字形。

<图21>

你可以把这 5 个图形画在纸上，用剪

刀剪下来，然后试着拼出想要的图形。

【解】答案如图 22 所示。

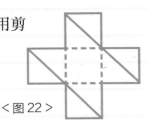

<图22>

14 扩建池塘

图 23 中的正方形表示池塘，4 个圆表示池塘边的树。

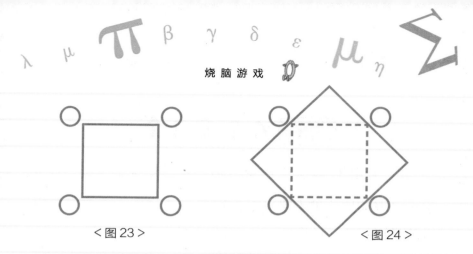

<图23>

<图24>

在不砍树的情况下，如何把池塘扩建成现在的 2 倍？

【解】图 24 表示的就是扩建后的池塘。

15 排硬币

请将 10 枚硬币排成 5 排，使每排都有 4 枚硬币（各排可以交叉）。

【解】答案如图 25 所示。

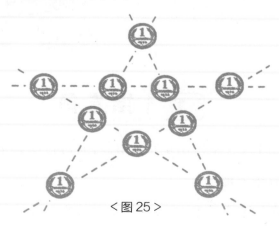

<图25>

16 4个变3个

图 26 由 12 根火柴组成，请移动其中 4 根火柴，将 4 个正方形变成 3 个（要求大小相等）。也就是说，改后的图形仍由 12 根火柴组成，但火柴的摆放位置发生了变化。另外，需要记住的是，你得移动 4 根火柴，不能多，也不能少。

<图 26>

【解】答案如图 27 所示。

<图 27>

17 摆直角

请用4根火柴摆出4个直角,之后再移动其中1根火柴,使之形成正方形。

【解】这道题有多种解法，图 28-1 表示的是其中一

种。图 28-1 上的数字 1、2、3、4 分别表示 4 个直角，将
中间那根火柴移到右侧，把图形封住，就能形成正方形。
图 28-2、图 28-3、图 28-4 展示的是另外几种解法，而且
变成正方形的思路也很直观，一下子就能想到。

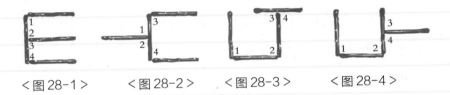

<图 28-1>　　　<图 28-2>　　　<图 28-3>　　　<图 28-4>

你也许还能找到其他解法，但图 29 这种解法估计很难
想到，因为实在出人意料。图 29 的左侧图片显示了将火
柴摆出 4 个直角的方法，但如何在这个基础上形成正方形
却会难倒很多人。其实答案很简单，只需要把上侧的火柴
稍稍上移，4 根火柴围成的小正方形就"现身"了（见图
29 右侧图）。

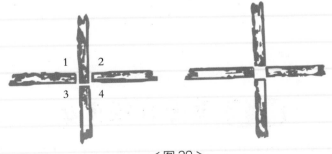

<图 29>

又好看又好玩的 大师数学课 ♥

18 移动两根火柴

（1）见图30，移动其中两
根火柴，使之形成 7 个大小相等
的正方形。

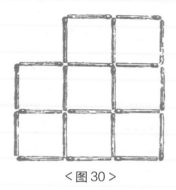

（2）上面的图形完成后，再
取走两根火柴，使之形成 5 个大
小相等的正方形。

<图30>

【解】（1）答案如图 31-1 所示。（2）答案如图
31-2 所示。

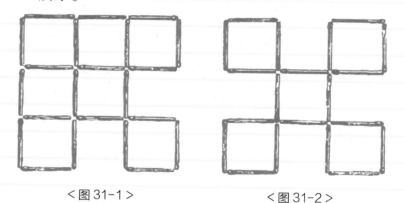

<图 31-1>　　　　　　　　<图 31-2>

19 取走8根火柴

从图 32 中取走 8 根火柴，使剩下的火柴形成 4 个大

小相等的正方形。

<图 32 >

【解】这道题有两种解法，答案如图 33 所示。

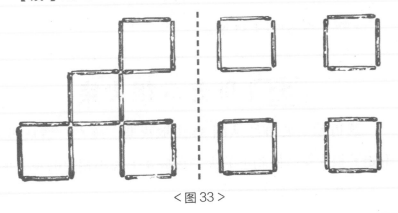

<图 33 >

20 取走4根火柴

从图 34 中取走 4 根火柴，使剩下的火柴形成 5 个正方形（大小相等或不等均可）。

<图 34>

<图 35>

【解】答案如图 35 所示。

21　取走6根火柴

这道题需要继续从图 34 中取火柴。现在，请从图中取走 6 根火柴，使剩下的火柴形成 4 个大小相等的正方形。

【解】答案如图 36 所示。

<图 36>

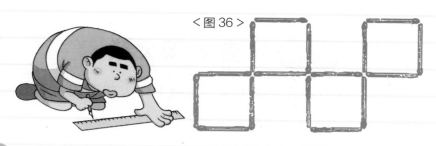

22 取走7根火柴

本题仍要取图 34 中的火柴，这次需要取走 7 根，使剩下的火柴形成 4 个大小相等的正方形。

【解】答案如图 37 所示。

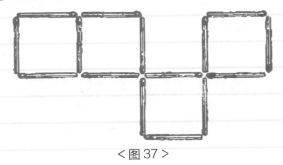

<图 37>

23 用12根火柴组图（一）

前面的火柴游戏有意思吧，现在开始难度升级！下面，请用 12 根火柴组成 3 个全等（"全等"是指两个或两个以上的图形，大小相等且形状相同）四边形和两个全等三角形。

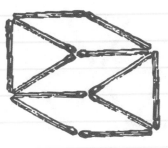

【解】答案如图 38 所示。

<图 38>

24 用12根火柴组图（二）

12根火柴还能组成什么呢？题目来了！请用12根火柴组成一个直角十二边形。

【解】答案如图39所示。

<图39>

25 取走5根火柴

从图40中取走5根火柴，使三角形变为5个。

【解】本题有两种解法，答案如图41所示。

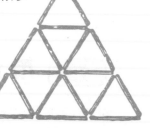

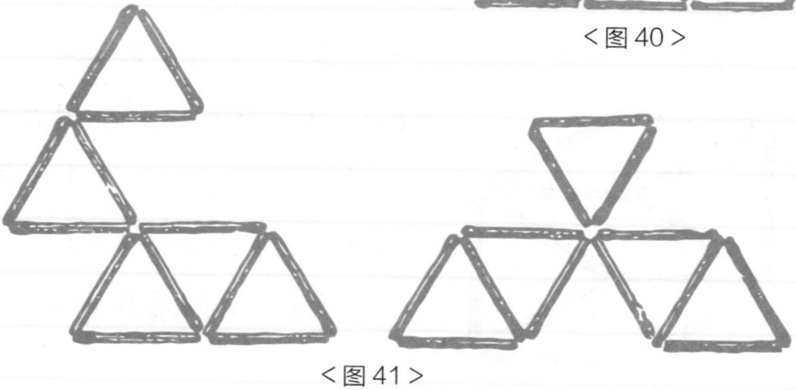

<图40>

<图41>

26 用18根火柴组图

呦吼，难度再次升级！现在，请用 18 根火柴组成 6 个全等四边形和一个三角形，要求三角形的面积是四边形面积的 $\frac{1}{2}$。

【解】答案如图 42 所示。

<图 42>

27 挖土工的数量

5 个挖土工用 5 小时挖出了 5 米长的沟，按照这个标准，如果要在 100 小时内挖出 100 米长的沟，需要多少个挖土工？

【解】千万不要被题目误导，读到"5个挖土工用 5 小时挖出了 5 米长的沟"，就认为 1 个挖土工 1 小时能挖 1 米，接着推导出 100 小时内挖 100 米长的沟需要 100 个挖土工的结论，这样就大错特错了！实际上，5 个挖土工用 5 小时挖出 5 米长的沟，意味着 5 个挖土工 1 小时能挖 1 米，也就是说，这 5 个挖土工 100 小时能挖 100 米。所以，答案显而易见，只需要 5 个挖土工。

28 多久能锯完？

一根 5 米长的木头，需要锯成 1 米长的木段。木匠锯一次需要 1.5 分钟，多久能锯完？

【解】为了迷惑答题者，题目的第一句话隐藏了一些信息，它要表达的意思其实是——一根 5 米长的木头，需要锯成 5 个 1 米长的木段。你看，这样是不是更容易理解了。接下来，也许有人会马上说出答案——木匠需要锯 $1.5 \times 5 = 7.5$（分）。很遗憾，这个答案是错误的，因为最后一次锯时能得到两个木段。所以，5 米长的木头锯成 5 个 1 米长的木段，只需要锯 4 次，而不是 5 次。因此，正确的答案是 $1.5 \times 4 = 6$（分）。

29 细木工赚了多少钱？

一个木工小组由 6 个粗木工和 1 个细木工组成。这天，完成一项任务后，粗木工每人赚了 20 元，细木工赚到的钱数是小组 7 个人的平均收入再加上 3 元。细木工赚了多少钱？

【解】设细木工赚了 x 元，则小组 7 个人的平均收入为（$20 \times 6 + x$）$\div 7$，因为细木工赚的钱是 7 个人的平均收入再加上 3 元，所以能够得到关系式：$x =$（$20 \times 6 + x$）$\div 7 + 3$，计算出 $x = 23.5$，即细木工赚了 23.5 元。

30 削土豆皮的时间

有 400 个土豆，由两个人来削皮。第一个人每分钟能削 3 个土豆，第二个人每分钟能削 2 个。最终，第二个人比第一个人多花了 25 分钟完成工作。这两个人分别工作了多长时间？

【解】$25 \times 2 = 50$（个），这是第二个人在多花的 25 分钟里所削的土豆数量。由此可知，两个人在相同的工作时间里所削的土豆数量为 $400 - 50 = 350$（个）。因为两个人 1 分钟一共能削 5 个土豆，而 $350 \div 5 = 70$（分），说明削完 350 个土豆，每个人都工作了 70 分钟。所以，最终答案是：第一个人工作了70分钟，第二个人工作了70 + 25 = 95（分）。下面，我们再根据题目验证一下结果——两个人削的土豆数量为 $3 × 70 + 2 × 95 = 400$（个），说明结果是准确的。

31 面粉有多重？

一家商店里，有 5 袋面粉需要称重。不过商店里虽然有秤，却少了几个秤砣，所以无法称量 50 ~ 100 千克的质量。可这难不倒店主，只见他把两袋面粉放在一起称，5 袋面粉因此分成了 10 组，一共称了 10 次，得到了 10 组数据，分别是：110 千克、112 千克、113 千克、114 千克、115 千克、116 千克、117 千克、118 千克、120 千克、121 千克。

5 袋面粉分别是多少千克？

【解】店主算出了答案。他首先将 10 次称量得到的数据相加，求出和为 1156 千克。因为每袋面粉都被称了 4 次，所以 1156 千克表示的是 5 袋面粉总质量的 4 倍，即 5 袋面粉一共重 $1156 ÷ 4 = 289$（千克）。

为了便于区分，店主按照由轻到重的顺序给面粉编了

号码，分别是：1号（最轻）、2号（第二轻）……5号（最重）。由此可见，上面的 10 组质量数据中，110 千克是 1 号和 2 号的质量之和，112 千克是 1 号和 3 号的质量之和，最后的 121 千克是 4 号和 5 号的质量之和，120 千克则是 3 号和 5 号的质量之和。所以：

$$1号 + 2号 = 110（千克）$$
$$1号 + 3号 = 112（千克）$$
$$3号 + 5号 = 120（千克）$$
$$4号 + 5号 = 121（千克）$$

很明显，1号、2号、4号、5号的质量之和为 $110 + 121 = 231$（千克）。用 5 袋面粉的总质量 289 千克减去 231 千克，就能算出 3 号面粉的质量为 58 千克。根据 1 号 + 3 号 = 112（千克），就能求出 1 号面粉的质量为 54 千克；再根据 3 号 + 5 号 = 120（千克），可以求出 5 号面粉的质量为 62 千克；然后根据 4 号 + 5 号 = 121（千克），求出 4 号面粉的质量为 59 千克。剩下的 2 号面粉的质量显而易见，应为 56 千克。

所以，5 袋面粉的质量分别为：54 千克、56 千克、58 千克、59 千克、62 千克。

32 何时相聚

一个人有 7 个朋友。第一个朋友每天都去他家里，第二个朋友每隔 1 天去他家，第三个朋友每隔两天去他家，第四个朋友每隔 3 天去他家……第七个朋友每隔 6 天去他家。请问，什么时候所有人能聚到一起？

【解】不要把问题想复杂了，其实只要找到能同时被 1、2、3、4、5、6、7 整除的数字就可以。满足这个条件的最小数字是 420，所以，所有人每过 420 天才能聚到一起。

33 干杯吧，朋友！

7 个朋友相聚的那一天，主人请大家品尝美味的葡萄酒，所有人都互相碰了酒杯。请问，酒杯一共互相碰了多少次？

【解】算上主人，当天房间里共有 8 个人，每个人都和其他 7 个人碰了酒杯。按两两相碰的频率来计算，大家一

共碰了 $8 \times 7 = 56$（次）。但这种算法会使每次碰杯都被重复计算一次（比如第五个朋友和第三个朋友的碰杯，会被算成 2 次），所以碰酒杯的次数应该是 $56 \div 2 = 28$（次）。

34 价格升降

一种商品，其价格先上涨 10%，然后又下降 10%。请问，这种商品的价格是涨价前比较低还是降价后比较低？

【解】涨价后，商品的价格变为 110%，即为原来价格的 1.1 倍。降价后，商品的价格变为 $1.1 \times 0.9 = 0.99$，即为原来价格的 99%。所以，降价后商品的价格比较低。

35 剩下哪桶酒？

商店里有 6 桶酒要卖，每个酒桶上都标注了酒的升数（见图 43）。这一天，两个顾客来买酒，第一个人买了 2 桶，第二个人买了 3 桶，第一个人买的酒的升数是第二个人的

又好看又好玩的 **大师数学课**

一半。6 桶酒卖了 5 桶，请问剩下了哪桶酒？

<图 43>

【解】剩下的是标注 20 升的酒。第一个顾客买了 15 升和 18 升的酒，第二个顾客买的是 16 升、19 升和 31 升的酒，即：

$$15 + 18 = 33$$

$$16 + 19 + 31 = 66$$

这个结果符合"第一个人买的酒的升数是第二个人的一半"的条件，由此可见，剩下的只能是 20 升的酒。这是唯一的答案，其他组合不能满足上面的条件。

36 空罐子有多重?

一个罐子，装上蜂蜜后重 500 克，装上煤油后则重 350 克。已知蜂蜜的质量是煤油的 2 倍，那么空罐子重多少克？

【解】由于蜂蜜的质量是煤油的 2 倍，所以一罐蜂蜜的质量就等于两份煤油加上罐子的质量。500 – 350 = 150（克），即煤油的质量为 150 克。由此可知，空罐子的质量为 350 – 150 = 200（克）。

37 称水果

由图 44 可知，3 个苹果加上 1 个梨与 10 个李子一样重，1 个苹果加上 6 个李子与 1 个梨一样重。问，1 个梨与多少个李子的质量一样？（注：每种水果中，每个质量都相同。）

【解】我们可以用称重的方式来推算：先用 1 个苹果和 6 个李子代替 1 个梨，这样天平左侧就变为 4 个苹果和 6 个李子，天平右侧仍是 10 个李子。然后，分别从两侧拿下 6 个李子，剩下的 4 个苹果和 4 个李子一样重。也就是说，1 个苹果的质量等于 1 个李子的

<图 44>

质量。所以，答案显而易见，1 个梨与 7 个李子的质量一样。

38 指针何时重合？

0 点时，钟表的时针和分针会重合。不过，你可能注意到了，不仅在 0 点，其他时刻，时针和分针也会重合。那么，就请你找出一天之内指针的所有重合时间吧！

【解】我们从 0 点开始观察。这时，时针和分针重合。接下来的 1 个小时，因为分针的移动速度是时针的 12 倍（分针转 1 圈需要 1 小时，而时针需要 12 小时），所以时针和分针一定不会重合。1 个小时后，时针指向数字 1，转了 1 圈的 $\frac{1}{12}$；分针则转完了 1 圈，指向数字 12。可以看出，这时时针虽然在分针的前面，但因为转得慢，所以必定会被分针赶上。接下来的 1 个小时的比拼，形势也很明朗——分针转 1 圈，时针则转 $\frac{1}{12}$ 圈，即分针比时针多转 $\frac{11}{12}$ 圈。为了赶上时针，分针得比时针多转 $\frac{1}{12}$ 圈，而达到这个目的，需要的时间不是 1 小时，而是 $\frac{1}{12} \div \frac{11}{12} = \frac{1}{11}$（时）。

这样算来，$\frac{1}{11}$ 小时，即 $\frac{60}{11}$ 分钟后，时针和分针会重合。

也就是说，1 点钟之后，经过 $\frac{60}{11}$ 分钟，时针和分针重合，这个时间是在 1 点 $\frac{60}{11}$ 分。

下一次重合是在什么时候呢？

算一算就知道了。再过 1 小时 $\frac{60}{11}$ 分钟后，即 2 点 $\frac{120}{11}$ 分，时针和分针又一次重合。接下来的重合，也会发生在 1 小时 $\frac{60}{11}$ 分钟后，即 3 点 $\frac{180}{11}$ 分时。这样问题就变简单了，12 小时内，时针和分针总共重合 11 次，第一次重合发生在 0 点。下面是 12 小时内指针的所有重合时间：

第一次：0 点；

第二次：1 点 $\frac{60}{11}$ 分；

第三次：2 点 $\frac{120}{11}$ 分；

第四次：3 点 $\frac{180}{11}$ 分；

第五次：4 点 $\frac{240}{11}$ 分；

第六次：5 点 $\frac{300}{11}$ 分；

第七次：6 点 $\frac{360}{11}$ 分；

第八次：7 点 $\frac{420}{11}$ 分；

第九次：8 点 $\frac{480}{11}$ 分；

第十次：9 点 $\frac{540}{11}$ 分；

第十一次：10 点 $\frac{600}{11}$ 分。

以上是 12 小时内时针、分针重合的时

间点，而一天，也就是 24 小时内，时针、分针

还会在相同的时间点再重合 1 次，即一天共重合 22 次。

39 指针何时指向相反方向？

在 6 点钟，时针、分针刚好指向相反方向，除了 6 点钟，

还有哪个时间点会出现这样的情况？

【解】本题的解法与上一题相似。我们仍然从 0 点开

始观察，这时时针和分针是重合的。接下来，需要计算的

是多久之后分针会超过时针半圈，这种情况下，时针和分针

才会指向相反方向。从上一题可知，1 小时内分针会超过时

针 $\frac{11}{12}$ 圈，那么分针超过时针半圈则需要 $\frac{1}{2} \div \frac{11}{12} = \frac{6}{11}$，即

$\frac{6}{11}$ 小时。也就是说，0 点之后，经过 $\frac{6}{11}$ 小时（$\frac{360}{11}$ 分钟），

即 0 点 $\frac{360}{11}$ 分钟，时针和分针会指向相反方向。从中我们

可以总结出这样的规律——时针和分针每次重合后，经过 $\frac{360}{11}$ 分钟，就会指向相反方向。因为 12 小时内时针、分针会重合 11 次，所以 12 小时内时针、分针有 11 次指向相反方向的情况，24 小时内则有 22 次。这些时间点很容易找到：

第一次：0 点 $+ \frac{360}{11}$ 分 $=$ 0 点 $\frac{360}{11}$ 分；

第二次：1 点 $\frac{60}{11}$ 分 $+ \frac{360}{11}$ 分 $=$ 1 点 $\frac{420}{11}$ 分；

第三次：2 点 $\frac{120}{11}$ 分 $+ \frac{360}{11}$ 分 $=$ 2 点 $\frac{480}{11}$ 分；

第四次：3 点 $\frac{180}{11}$ 分 $+ \frac{360}{11}$ 分 $=$ 3 点 $\frac{540}{11}$ 分；

…………

剩下的时间点交给你们，快点把它们找出来吧！

40 这样的时刻有多少？

有没有这样的时刻——表盘上分针超过时针的距离正好等于时针超过数字 12 的距离？有的话，一天出现几次？

【解】如果从 0 点开始观察，你会发现第一个小时里找不到这样的时刻。为什么呢？因为时针走的距离是分针

的 $\frac{1}{12}$，时针落后太多，无法满足条件。

1 个小时后，当分针指向数字 12，时针指向数字 1 时，分针落后了时针 $\frac{1}{12}$ 圈。那么，满足条件的时刻会出现在第二个小时吗？我们假设它会出现，设时针和数字 12 之间的距离为 x，那么分针走过的距离是时针的 12 倍，即 $12x$。如果减去 1 圈，那么可以得出 $12x - 1 = 2x$，$x = \frac{1}{10}$ 圈。所以，经过 1 小时 12 分钟，时针与数字 12 之间的距离是 $\frac{1}{10}$ 圈。而分针与数字 12 的距离是其 2 倍，即 $\frac{1}{5}$ 圈，正好是 12 分钟，符合题目的要求。

这是一个答案，还有其他的答案吗？我们接着找一找。

2 点钟时，时针指向数字 2，分针指向数字 12，根据前面的推导，可以得到下面的关系式：

$$12x - 2 = 2x$$

求出 $x = \frac{1}{5}$ 圈，对应的时刻是 $\frac{12}{5}$ = 2 点 24 分。

其余答案，你应该可以自己算出来了。满足题目条件的答案共有 10 个：

1 点 12 分，2 点 24 分，3 点 36 分，

4 点 48 分，6 点，7 点 12 分，

8 点 24 分，9 点 36 分，10 点 48 分，12 点。

6 点和 12 点这两个答案，猛然一看会以为是错误的。不过，6 点钟时，时针指向数字 6，分针指向数字 12，分针超过时针的距离正好等于时针超过数字 12 的距离，完全符合题目条件。12 点钟时，时针与数字 12 的距离是 0，分针与时针的距离则是两倍的 0，仍然是 0，毫无疑问，这也符合题目条件。

41 返程的疑惑

一架飞机从 A 城飞到 B 城，用时 1 小时 20 分钟。不过返回时，却只用了 80 分钟，这是怎么回事呢？

【解】还用解释吗？1 小时 20 分钟就等于 80 分钟呀！这个问题是给马虎的读者准备的，他们会觉得 1 小时 20 分钟与 80 分钟是不同的。其实，经常计算的人更容易掉进这个陷阱，因为习惯了用十进制计算，所以很容易把 1 小时 20 分钟和 80 分钟的对比，看成 120 分钟与 80 分钟

的比较。此题针对的就是这种错误的心理暗示。

42 帆船比赛

两艘帆船参加比赛，需要往返行驶 24 千米。第一艘帆船驶完全程的平均时速是 20 千米，第二艘帆船去时时速为 16 千米，返回时时速为 24 千米。（注：水速为 0。）

最终，第一艘帆船取得了胜利。不过，第二艘帆船去时落在第一艘帆船的后面，但落后的距离与其返回时领先的距离相同，而且两艘帆船同时出发。那么，第二艘帆船为什么会输？

【解】分别算出两艘帆船的行驶时间就知道原因了。第一艘帆船行驶时的平均时速是 20 千米，全程需要（24 ÷ 20）× 2 = 2.4（时）。第二艘帆船去时需要 24 ÷ 16 = 1.5（时），返回时需要 24 ÷ 24 = 1（时），一共需要 2.5 小时，比第一艘帆船多用了 0.1 小时，所以输了比赛。

43 多久能追上？

两个工人在同一个工厂工作，而且住在同一套公寓。每天早晨，两个人都走路上班，年纪小的工人 20 分钟到达工厂，年纪大的工人则需要 30 分钟。

如果年纪大的工人比年纪小的工人提前 5 分钟出门，那么后者多久才能追上前者？

【解】需要 10 分钟。

年纪大的工人上班用时 30 分钟，那么 5 分钟，他能走完全程的 $\frac{1}{6}$。年纪小的工人上班需要 20 分钟，5 分钟能走完全程的 $\frac{1}{4}$。两人同时出发的话，5 分钟的时间，年纪小的工人能比年纪大的工人多走 $\frac{1}{4} - \frac{1}{6} = \frac{1}{12}$ 的路程。现在年纪大的工人提前走 5 分钟，等年纪小的工人出门时，前者已经走完全程的 $\frac{1}{6}$。而 $\frac{1}{6} \div \frac{1}{12} = 2$，所以年纪小的工人若想追上年纪大的工人，意味着需要两个 5 分钟，也就是 10 分钟的时间。

此题还有其他解题思路，比如：

走路上班，年纪大的工人比年纪小的工人多用了

30 − 20 = 10（分）。如果年纪大的工人提前 10 分钟出发，那么将和年纪小的工人同时抵达工厂。不过，他只提前了 5 分钟，即 10 分钟的一半才出发。年纪小的工人上班用时 20 分钟，这个时间的一半是 10 分钟，所以年纪小的工人会在 10 分钟之后，也就是两个人都行至路程的一半时，追上年纪大的工人。

44 打字工作

有一份报告需要录入，如果一个人来做，新入职的打字员需要 3 个小时才能完成，老打字员则需要 2 个小时。由于这份报告比较着急，老板决定让新老打字员一起完成。那么，这两个人需要多久才能完成这项工作？

【解】需要 $1\frac{1}{5}$ 小时，也就是 1 小时 12 分钟。

这类题目，应该先算出两个打字员一起工作时，各自担负的工作量在总工作量中所占的比例。按照这个思路，我们会发现老打字员的打字速度是新打字员的 $1\frac{1}{2}$ 倍，这就意味着，相同时间内，老打字员所担负的工作量是新打字员的 $1\frac{1}{2}$，即 1.5 倍。所以，在工作量上，老打字员承担了所有工作的 $\frac{3}{5}$，新打字员承担了 $\frac{2}{5}$。也就是说，老打字员完成其所担负的 $\frac{3}{5}$ 的工作量，用时为 $2 \times \frac{3}{5} = 1\frac{1}{5}$（时）。而在这个工作时间内，新打字员也完成了其需要完成的部分。

我们还可以运用最小公倍数来解题。因为独立完成全部工作，老打字员需要 2 小时，新打字员需要 3 小时。2 与 3 的最小公倍数为 6。这意味着，6 个小时，老打字员可以打 3 遍报告，新打字员可以打 2 遍，共 5 遍。因为题目只要求打 1 遍，所以两人用的时间为 $6 \times \frac{1}{5} = 1\frac{1}{5}$（时）。

45 水和啤酒

两个相同的瓶子，第一个装了 1 升啤酒，第二个装了 1 升水。从第一个瓶子里取出 1 勺啤酒，倒入第二个瓶子，然后从第二个瓶子里取出 1 勺混合液体，倒入第一个瓶子。

那么，第一个瓶子里的水和第二个瓶子里的啤酒，哪个更多一些？

【解】需要明确的是，互倒液体之后，两个瓶子里的液体，体积并没有发生变化。在这个基础上，我们做个假设，假设互换后，第二个瓶子里有 n 升啤酒，那么水则有 $1 - n$ 升。很明显，少的 n 升水，就在第一个瓶子里。也就是说，互倒液体之后，第一个瓶子里的水和第二个瓶子里的啤酒一样多。

46 谁可能赢？

图 45 是个色子，色子的 6 个面上分别有 1 ~ 6 个点子。彼得和弗拉基米尔打了个赌。

彼得认为：如果投掷 4 次色子，一定会有 1 次掷出"1"。

弗拉基米尔认为：投掷 4 次的话，或者掷不出"1"，或者能掷出两次或两次以上"1"。

请问，两个人谁可能赢？

【解】4 次投掷，色子可能出现的所有结果为 $6 \times 6 \times 6 \times 6 = 1296$（种）。如果第一次就掷出了 1，对彼

得有利的局面是后面 3 次都掷

不出 1，这种情况的所有可能

结果为 $5 \times 5 \times 5 = 125$（种）。

如果在第二次、第三次或第四

次掷出 1，对彼得有利的所有可

能结果仍然是 125 种。因此，4

<图 45>

次投掷只投出 1 次 1 的所有可能结果为 $125 \times 4 = 500$（种），

这是对彼得有利的结果数。对彼得不利的所有可能结果则

是 $1296 - 500 = 796$（种）。由此可见，对彼得不利的结

果更多。所以，弗拉基米尔的赢面更大。

47 孩子的数量

　　一个人有 6 个儿子，每个儿子都有 1 个姐妹。请问，

这个人一共有多少个孩子？

　　【解】不要把题目想得太复杂。答案很简单，这个人

共有 7 个孩子，即 6 个儿子，1 个女儿。有些人也许会回

答说有 12 个孩子，如果是这样，每个儿子就有 6 个姐妹，

而非 1 个了。

48 吃早餐的人

一家人在吃早餐，两个爸爸和两个儿子每人都吃了 1 个鸡蛋，一共吃了 3 个。为什么会这样？

【解】不要被题目迷惑哦，其实吃早餐的一共有 3 个人：爷爷，爷爷的儿子和孙子。两个爸爸是指爷爷和爷爷的儿子，两个儿子是指爷爷的儿子和孙子——一共 3 个人，两对父子。

49 蜗牛爬呀爬

一只蜗牛正在爬树，树高 15 米。白天，蜗牛能往上爬 5 米；晚上，蜗牛则往下滑 4 米。爬到树顶的话，这只蜗牛需要多少个昼夜？

【解】1 个昼夜，即 1 个白天、1 个夜晚，蜗牛能向上爬 1 米。如此下去，10 个昼夜后，蜗牛能爬到 10 米处。第十一个白天时，蜗牛又向上爬了 5 米，正好爬到树顶。所以，答案是需要 10 个昼夜加 1 个白天。

50 寒鸦与树枝

几只寒鸦飞过来，

落在树枝上。

如果一根树枝，

落一只寒鸦，

那么就有一只寒鸦，

没有树枝落。

如果每根树枝，

落两只寒鸦，

那么就有一根树枝，

没有落寒鸦。

说说共有几只寒鸦？

说说共有几根树枝？

【解】这是一道民谣题。首先，我们需要知道，如果每根树枝落两只寒鸦的话，会比每根树枝落 1 只寒鸦，多出多少只寒鸦。我们已经知道，如果每根树枝落两只寒鸦，会有 1 根空树枝，说明还需要两只寒鸦。而如果每根树枝落 1 只寒鸦，则寒鸦多出 1 只。所以答案很明显，一共多

出 2 + 1 = 3（只）寒鸦。由于每根树枝上所落寒鸦的只数差为 2 - 1 = 1（只），所以用多出来的寒鸦数除以这个只数差，就算出了树枝数，即（2 + 1）÷（2 - 1）= 3（根），寒鸦数则为 3 + 1 = 4（只）。

所以，此题的答案是，一共有 4 只寒鸦，3 根树枝。

51 三代人的年龄

早餐桌上，一些人边吃边聊：

"爷爷，您的儿子多大了？"

"按周计算的话，他的年龄与我按天计算的孙子的年龄一样。"

"那您的孙子有多大？"

"我的孙子嘛，他的年龄的总月份数与我的年龄一样。"

"那您有多少岁呢？"

"我、我儿子、我孙子的年龄之和正好是 100。那么你来算算，我们三个人各是多少岁？"

好了，问题提出来了，那就让我们和早餐桌上的人一起思考一下应该如何解答吧。

【解】根据题目条件可知，爷爷儿子的年龄是孙子的7倍，爷爷的年龄是孙子的12倍。也就是说，如果孙子为1岁，那么儿子就是7岁，爷爷是12岁。如此，三个人的年龄之和就是20岁，实际年龄之和是其5倍。所以，三个人的年龄各自乘以5，就是其实际年龄，即孙子是5岁，儿子是35岁，爷爷是60岁。$5 + 35 + 60 = 100$，符合题目条件。

52 父子的年龄

众人正在猜测伊万诺夫父子的年龄。

"我记得，18年前进行人口登记时，伊万诺夫儿子的年龄是伊万诺夫的$\frac{1}{3}$。"

"可我所了解的情况是，现在伊万诺夫儿子的年龄是伊万诺夫的$\frac{1}{2}$。难道伊万诺夫还有其他儿子？"

"不，他只有一个儿子。"

这些信息已经能够确定伊万诺夫父子的年龄了，你来试着判断一下吧。

【解】这道题可以用方程式来解答。设现在伊万诺夫儿子的年龄为 x 岁，那么伊万诺夫本人的年龄为 $2x$ 岁。18 年前人口登记时，伊万诺夫的年龄为 $2x - 18$，伊万诺夫儿子的年龄为 $x - 18$。由于 18 年前父亲的年龄是儿子年龄的 3 倍，所以得出 $2x - 18 = 3(x - 18)$，$x = 36$。即伊万诺夫的儿子现在 36 岁，伊万诺夫本人现在 72 岁。

53 车票问题

下面仍是一道来自早餐桌上的数学问题，设题者是个火车售票员，她说："可能大家觉得我的工作很简单，但你们无法想象我每天得卖多少种车票。乘客来买票时，我必须保证我工作的车站到那条铁路上的所有车站都有票可卖，往返车票也得有保证。我工作的那条铁路，沿线共有 25 站。那么，请问铁路得提前为这条线路的所有售票口准备多少种车票？"

【解】铁路沿线共有 25 站，买票的乘客可能要抵达的是其他

24 个站点中的任何一个, 所以需要准备的车票应该是 $25 \times 24 = 600$ (种)。此外, 因为还有往返票, 所以, 铁路得提前为这条线路的所有售票口准备 $600 \times 2 = 1200$ (种)车票。

54 怎么平分?

仓库里有 21 只蜂箱, 其中 7 只装满了蜂蜜, 7 只装了半箱蜂蜜, 还有 7 只空着。由于蜂蜜和箱是三个合作社一起买的, 所以现在需要把蜂蜜和箱进行平均分配。不过, 分配时不能使用整箱蜂蜜与空箱倒换的方法。这种情况下, 应该如何分配?

【解】根据题目可知, 蜂蜜一共有 $7 + 3\frac{1}{2} = 10\frac{1}{2}$ (箱), 即每个合作社应该分到 $3\frac{1}{2}$ 箱蜂蜜。另外, 每个合作社还应分到 7 只蜂箱。此题共有两种解法:

第一种:

合作社	分得的箱数	分得的蜂蜜数
合作社 1	共 7 只（3 只装满蜂蜜，1 只装了半箱蜂蜜，3 只空箱）	共 $3\frac{1}{2}$ 箱
合作社 2	共 7 只（2 只装满蜂蜜，3 只装了半箱蜂蜜，2 只空箱）	共 $3\frac{1}{2}$ 箱
合作社 3	共 7 只（2 只装满蜂蜜，3 只装了半箱蜂蜜，2 只空箱）	共 $3\frac{1}{2}$ 箱

第二种：

合作社	分得的箱数	分得的蜂蜜数
合作社 1	共 7 只（3 只装满蜂蜜，1 只装了半箱蜂蜜，3 只空箱）	共 $3\frac{1}{2}$ 箱

续表

合作社	分得的箱数	分得的蜂蜜数
合作社 2	共 7 只（3 只装满蜂蜜，1 只装了半箱蜂蜜，3 只空箱）	共 $3\frac{1}{2}$ 箱
合作社 3	共 7 只（1 只装满蜂蜜，5 只装了半箱蜂蜜，1 只空箱）	共 $3\frac{1}{2}$ 箱

55 分牛奶

　　一个罐子里装着 4 升牛奶，现在需要把这些牛奶平均分给两个人。目前可用的空罐子有两个，一个容积是 $1\frac{1}{2}$ 升，另一个是 $2\frac{1}{2}$ 升。我们可以用这 3 个罐子来倒牛奶，以达到平分 4 升牛奶的目的。那么，我们该如何倒呢？

　　【解】需要来回倒 7 次，具体操作方法

如下：

	4 升罐子	$1\frac{1}{2}$ 升罐子	$2\frac{1}{2}$ 升罐子
第一次倒	$1\frac{1}{2}$	—	$2\frac{1}{2}$
第二次倒	$1\frac{1}{2}$	$1\frac{1}{2}$	1
第三次倒	3	—	1
第四次倒	3	1	—
第五次倒	$\frac{1}{2}$	1	$2\frac{1}{2}$
第六次倒	$\frac{1}{2}$	$1\frac{1}{2}$	2
第七次倒	2	—	2

56 分牛

　　某个人有一群牛。一天，他决定把这些牛平均分给儿子们。他是这样分的：大儿子先分得 1 头牛，然后再分得剩余牛数的 $\frac{1}{7}$；大儿子分完后，二儿子先分得两头牛，然后再分得剩余牛数的 $\frac{1}{7}$；二儿子分完后，三儿子先分得 3

头牛，然后再分得剩余牛数的 $\frac{1}{7}$；以此类推。就这样，所有牛都分给了儿子们，每个儿子都得到了相同数量的牛。

那么，这个人有多少个儿子？又有多少头牛呢？

【解】我们可以用倒序法来解答这道题。因为小儿子最后分到牛，所以轮到他时，只能得到整数牛，没有剩余牛可分。而他得到的牛，与其他兄弟分得的牛的数量相同。

可以推知，小儿子得到的牛的数量是剩余牛数的 $\frac{6}{7}$。因此，小儿子得到的牛的数量可以被 6 整除。

现在，我们假设小儿子得到了 6 头牛，而且这个人有 6 个儿子，然后再验证这个假设是否成立。由于所有人分到的牛数量相同，所以小儿子得到 6 头牛的话，其他儿子也分别得到了 6 头。照此推知，五儿子得到的是 5 头牛再加上剩余牛数的 $\frac{1}{7}$（即 1 头牛），一共 6 头牛。现在，我们已经知道小儿子和五儿子一共得到了 12 头牛，而 12 头牛就是四儿子所得到的剩余牛数的 $\frac{6}{7}$。因此，给四儿子分牛时，剩余牛数为 $12 \div \frac{6}{7} = 14$（头），四儿子分到的牛的数量为 $4 + \frac{14}{7} = 6$（头）。

后面的思路就更加清晰了。给三儿子分完牛后，牛的余数是 6 + 6 + 6 = 18，而 18 就是给三儿子分牛时剩余牛数的 $\frac{6}{7}$，所以剩余牛数为 18 ÷ $\frac{6}{7}$ = 21（头）。三儿子分到的牛为 3 + $\frac{21}{7}$ = 6（头）。

以此类推，二儿子和大儿子分到的牛的数量也可以这样算出来，结果都是 6。这就证明前面的假设是成立的，这个人共有 6 个儿子，36 头牛。你也可以尝试其他答案，假设这个人有 12 个或 18 个儿子，推导后就会知道，这些假设不成立。而再大一些的数字就没有验证的必要了，因为一个普通人是不可能有 24 个或更多的儿子的。

57 分苹果

把 9 个苹果平均分给 12 个学生，且每个苹果最多分成 4 份，应该怎么分？这道题有点难度，但如果用分数来处理就会变得很简单。

处理完这个问题，你还需要再处理一个：把 7 个苹果平均分给 12 个学生，且每个苹果最多分成 4 份，应该怎么分？

【解】把 9 个苹果平均分给 12 个学生，且每个苹果最多分成 4 份，这是能够实现的。具体操作如下：

先把其中 6 个苹果全部一分为二，每个平分成两份，这样就得到了 12 个半块的苹果。剩下的 3 个苹果则全都分成 4 份，从而得到 12 个 $\frac{1}{4}$ 块的苹果。

如此，12 个学生，每个学生可以得到一个半块苹果和一个 $\frac{1}{4}$ 块苹果，而 $\frac{1}{2}+\frac{1}{4}=\frac{3}{4}$，所以每个学生会得到 $\frac{3}{4}$ 个苹果。

第二个问题可以用同样的方法来解决：7 个苹果，把其中 3 个每个分成 4 份，再把剩下的 4 个每个分成 3 份，从而得到 12 个 $\frac{1}{4}$ 块的苹果和 12 个 $\frac{1}{3}$ 块的苹果。

如此，12 个学生，每个学生能得到一个 $\frac{1}{4}$ 块的苹果和一个 $\frac{1}{3}$ 块的苹果，而 $\frac{1}{3}+\frac{1}{4}=\frac{7}{12}$，所以每个学生会得到 $\frac{7}{12}$ 个苹果。

58 怎么分钱?

两个人一起煮粥，其中一个人提供了 300 克米，另一个人提供了 200 克米。粥煮好后，两个人准备吃的时候，一个行人走过来加入了他们。三个人一起吃光了粥。行人离开时，给了两个人 50 戈比粥钱。那么，这两个人该如何分这笔钱呢？

【解】有些人会认为，提供 300 克米的人应该得到 30 戈比，提供 200 克米的人应该得到 20 戈比。看上去有点道理，不是吗？但这个思路是错误的。正确的思路应该是：粥是三个人一起吃的，行人给的 50 戈比是一人份的粥钱，所以粥的总价值应该是 150 戈比。放入 500 克米的粥，每 100 克的价值是 30 戈比（150÷5 = 30）。所以，提供 200 克米的人，相当于拿出了 60 戈比，但他吃掉了 50 戈比的粥，因此应该分到 10 戈比；提供了 300 克米的人，相当于拿出了 90 戈比，去掉 50 戈比粥的花费，应该分到 40 戈比。

59 侦察兵过河

一条河边，3名侦察兵正在发愁，因为河上没有桥，他们无法过河。就在这时，两个小孩划着一条船来到他们跟前，表示愿意帮助他们。

不过，船实在太小，只能承受一个侦察兵的体重，再多一个人就有翻船的风险。难道只能把一个侦察兵送过河吗？不，最终3个侦察兵都过了河，船也还给了两个小孩。他们是如何做到的呢？

【解】按照下面的要求往返六次就能做到：

第一次：两个小孩先划船到对岸，然后一个小孩留在对岸，另一个划船返回侦察兵所在河岸。

第二次：划船的小孩留在岸上，第一个侦察兵上船，把船划到对岸。留在对岸的小孩划船返回。

第三次：两个小孩上船，划船到对岸。一个留在对岸，一个划船返回。

第四次：第二个侦察兵上船，划船到对岸。留在对岸的小孩划船返回。

第五次：同第三次。

第六次：第三个侦察兵上船，划船到对岸，再将船还给小孩。

就这样，3个侦察兵全部过了河，船也还给了孩子。

60 各有多少枚？

有个人有4卢布65戈比，都是硬币，面值分别为1卢布、10戈比及1戈比。硬币共有42枚。请问，三种面值的硬币各有多少枚？（注：1卢布等于100戈比。）

【解】此题有4种答案，具体如下：

答案＼硬币枚数＼面值	1卢布／枚	10戈比／枚	1戈比／枚
第一种	1	36	5
第二种	2	25	15
第三种	3	14	25
第四种	4	3	35

61 硬币与火柴

这既是一道数学题，也是一个小魔术。来吧，一起来玩!

　　如图 46 所示，请你先用火柴拼出一个 9 格正方形，然后在每个小正方形里放上硬币，使每行、每列都有 6 戈比（数字是几就代表放了几枚面值 1 戈比的硬币）。那么问题来了，请听好：请重新排列硬币，使每行、每列中仍有 6 个戈比，但要注意，画圈的硬币不能移动。

　　【解】可能很多人认为这根本无法实现。不要陷入思维误区哦，其实只要用点计策，就可以把不可能变为可能。参见图 47，无须移动画圈的硬币，只要将最下面那排硬币移到最上面就可以了，看明白了吗？简单吧!

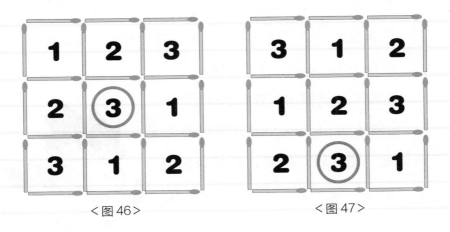

<图 46>　　　　　<图 47>

62 小人国里的床

英国作家乔纳森·斯威夫特的小说《格列佛游记》是备受人们喜爱的经典名著，其对于小人国的描述尤其令人印象深刻。在小人国里，所有东西都"个头儿"极小，其长度、宽度、厚度等，只是我们的 $\frac{1}{12}$。这种对比的强烈程度，从下面这段小人们为格列佛做床垫的描述中可见一斑：

"他们用车运来了 600 张普通尺寸的床垫，接着裁缝们就在我的房间里工作起来。他们把 150 张床垫缝在一起，做成适合我长度的床垫。剩余的也照这个样子缝好，最后把四层做好的床垫叠在一起。尽管床垫有四层，但我睡在上面的感受和睡在石板地上没什么不同，因为都一样硬。"

这段文字里描述的数值都可信吗？

【解】可信。小人国里的物品，无论长度、宽度还是厚度，都是我们的 $\frac{1}{12}$，床垫也是。所以，他们的床垫的表面积就是我们床垫的 $\left(\frac{1}{12}\right)^2$，即

$\frac{1}{144}$。所以，格列佛的床垫，需要144个小人国的床垫来拼凑，这个数字与150接近，因此故事里的数值是可信的。而且，因为小人国的床垫的厚度也是我们床垫的$\frac{1}{12}$，所以即便4层床垫叠在一起，其厚度也仅仅是我们的$\frac{1}{3}$，难怪格列佛觉得硬了。

63 巨人国里的书

与小人国不同，《格列佛游记》里，巨人国里的一切都是我们的12倍，巨大无比。比如，巨人国里的书，作者是这样描述的：

"我可以在图书馆里随意阅读。不过得为我配置专门的设备——木匠帮我做了可以移动的梯子。梯子高25英尺（7.62米），上面的踏板长50英寸（1.27米）。看书的时候，他们帮我把梯子放到离墙10英尺（3.048米）远的地方，然后把书打开靠在墙壁上。而我则爬到梯子最高处，从书页的顶端开始阅读。我得左右走动八九步，才能读完一行文字。我还得一层层下梯子，以便往下阅读，直到走到最后一层踏板。然后，我又

爬上最高层，按同样的方法读下一页。我能够自己翻书，因为巨人国的书的厚度与我们的厚纸板相似。另外，其最大开本的书的长度在 18～20 英尺（5.4864～6.096 米）。"这些描述可信吗？

【解】格列佛生活在 18 世纪，那时的书的开本比现代的书大很多。比如彼得一世时期出版的马格尼茨基编写的《算术》，长约 30 厘米，宽约 20 厘米。按巨人国的标准，把此书放大 12 倍，那么就变为长约 360 厘米（3.6 米），宽约 240 厘米（2.4 米）。这种"身形"的书，没有梯子是读不了的。所以，在巨人国的背景下，书中有关阅读的描述虽然匪夷所思，但还是可信的。

64 7 数组合

按照由小到大的顺序写出数字 1、2、3、4、5、6、7，然后用加号及减号将它们连接起来，使结果为 40。

答案为：12 + 34 − 5 + 6 − 7 = 40。

那么，如何使结果为 55 呢？你来试试看吧。

【解】此题有 3 个答案：

$$123 + 4 - 5 - 67 = 55$$

$$1 - 2 - 3 - 4 + 56 + 7 = 55$$

$$12 - 3 + 45 - 6 + 7 = 55$$

65 4个2

用数学符号将 4 个 2 连接起来，使结果为 111。

【解】$222 \div 2 = 111$

66 5个2

用数学符号将 5 个 2 连接起来，使结果为 28。

【解】$22 + 2 + 2 + 2 = 28$。这是一种解法，请你开动脑筋，想一想有没有其他解法。

67 又是5个2

请用数学符号连接 5 个 2，使结果分别为 15、11、12321。

【解】结果为 15 的方法：

$$(2+2)^2 - \frac{2}{2} = 15$$

$$(2 \times 2)^2 - \frac{2}{2} = 15$$

$$2^{2+2} - \frac{2}{2} = 15$$

$$\frac{22}{2} + 2 \times 2 = 15$$

$$\frac{22}{2} + 2^2 = 15$$

$$\frac{22}{2} + 2 + 2 = 15$$

结果为 11 的方法：

$$\frac{22}{2} + 2 - 2 = 11$$

结果为 12321 的方法：

$$\left(\frac{222}{2}\right)^2 = 111^2 = 111 \times 111 = 12321$$

68　5个3

用数学符号将5个3连接起来，使结果为100的方法

为：$33 \times 3 + \frac{3}{3} = 100$。

那么，怎样用 5 个 3 得到 10 呢？

【解】答案如下：

$$\frac{33}{3} - \frac{3}{3} = 10$$

$$\frac{3 \times 3 \times 3 + 3}{3} = 10$$

$$\frac{3^3}{3} + \frac{3}{3} = 10$$

69 5个9

请用数学符号把 5 个 9 连接起来，使结果为 10。至少用两种方法解答此题。

【解】两种解法如下：

$$9 + \left(\frac{9}{9}\right)^{\frac{9}{9}} = 10$$

$$\frac{99}{9} - \frac{9}{9} = 10$$

其他解法：

$$\left(9 + \frac{9}{9}\right)^{\frac{9}{9}} = 10$$

$$9 + 99^{9 - 9} = 10$$

70 如何得到 20 ?

下面是用数字 1、7、9 排列的图形：

```
1   1   1
7   7   7
9   9   9
```

请删掉图中的 6 个数字，使剩下的数字每行相加之后和为 20。你该如何做？

【解】删掉数字后，图如下（用0代替被删掉的数字）：

```
0   1   1
0   0   0
0   0   9
```

很明显，11 + 9 = 20。

71 如何得到1111？

下面的图由 5 个奇数组成：

```
1   1   1
3   3   3
5   5   5
7   7   7
9   9   9
```

请删掉图中的 9 个数字，使剩下的数字按行相加结果为 1111。

【解】此题有多个答案。这里列出4个，具体如下（用0代替被删掉的数字）：

100	111	011	101
000	030	330	303
005	000	000	000
007	070	770	707
999	900	000	000
1111	1111	1111	1111

72 和大于积

有两个整数，它们的和大于它们的积，请问是哪两个整数？

【解】这样的整数非常多，比如：

$$3 + 1 > 3 \times 1$$

$$10 + 1 > 10 \times 1$$

符合条件的两个整数，其中一个必须是 1。因为一个

数加上 1 会变大，而乘以 1 仍是这个数。

73 积等于商

两个整数的乘积等于较大整数除以较小整数所得的商，这两个整数是？

【解】这样的整数很多，比如：

$$2 \times 1 = 2, \ 2 \div 1 = 2$$

$$7 \times 1 = 7, \ \ 7 \div 1 = 7$$

$$43 \times 1 = 43, \ 43 \div 1 = 43$$

符合条件的两个整数，其中一个也必须是1。

74 积是和的10倍

整数 12 和 60 是很有意思的组合，因为它们的积是它们的和的 10 倍：

$$12 \times 60 = 720, \ 12 + 60 = 72$$

你还能找出更多这种有趣的整数组合吗？认真想想，你也许能找出好几对。

【解】下面4对组合都符合条件：

11 和 110，14 和 35，15 和 30，20 和 20。

具体为：

$$11 \times 110 = 1210, \quad 11 + 110 = 121$$

$$14 \times 35 = 490, \quad 14 + 35 = 49$$

$$15 \times 30 = 450, \quad 15 + 30 = 45$$

$$20 \times 20 = 400, \quad 20 + 20 = 40$$

75 残缺的乘式

下面的乘法算式，很多数字都"隐身"了，看上去残缺不全：

```
        *  1  *
    ×   3  *  2
    ────────────
        *  3  *
     3  *  2  *
+  *  2  *  5
────────────────
 1  *  8  *  3  0
```

请让"隐身"的数字全部"现身"，使乘式变完整。

【解】可以通过推理法让数字"现身"。为使思路清

晰，我们需要将乘式各行编上序号：

```
            *   1   *      ………①
    ×       3   *   2      ………②
    ─────────────────
            *   3   *      ………③
        3   *   2   *      ………④
  +     *   2   *   5      ………⑤
    ─────────────────
    1   *   8   *   3   0  ………⑥
```

因为第⑥行个位上的数字是 0，所以可以推断第③行个位上的数字也是 0。因为第⑥行十位上的数字是 3，所以可以推断第④行个位上的数字是 0。现在再来推测一下第①行个位上的数字：此数乘以 2，得到的数字末尾是 0；此数乘以 3，得到的数字末尾是 5（第⑤行）。由此可见，这个数一定是 5。第②行"隐身"的数字也不难推算，应该是 8，因为只有 8 与 15 相乘，其积的最后两位才是 20（第④行）。这之后，我们可以推算出第①行的百位上的"隐身"数字为 4，因为 4 与 8 相乘，其积的首位数字才能是 3（第④行）。

剩下的数字推算起来就容易了，只需将第①行和第②

行的数字相乘，就能使其"现身"了。

完整的乘式如下：

```
        4   1   5
    ×   3   8   2
    ─────────────
        8   3   0
    3   3   2   0
+   1   2   4   5
─────────────────
1   5   8   5   3   0
```

76 有趣的乘式

我们先来看一个有趣的乘式：

$$48 \times 159 = 7632$$

1、2、3、4、5、6、7、8、9 这 9 个数字，它全都用到了，且能使等式成立。请你再找找这样的例子，尽量多找点儿。

【解】一共有9个具有这种神奇现象的乘式，即：

$$12 \times 483 = 5796$$

$$42 \times 138 = 5796$$

$$18 \times 297 = 5346$$

$$27 \times 198 = 5346$$

$39 \times 186 = 7254$

$48 \times 159 = 7632$

$28 \times 157 = 4396$

$4 \times 1738 = 6952$

$4 \times 1963 = 7852$

11　商是多少?

　　下面是一道多位数除法算式，所有数字都用"*"代替了。

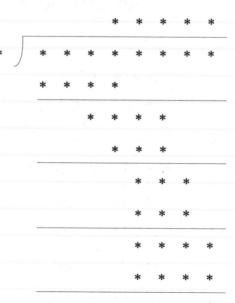

该式的被除数和除数都未知，已知的是商的倒数第二个数字为 7。求商是多少？注意：此式按十进制计算，且只有一个解。

【解】为便于推算，先将算式各行编上序号。

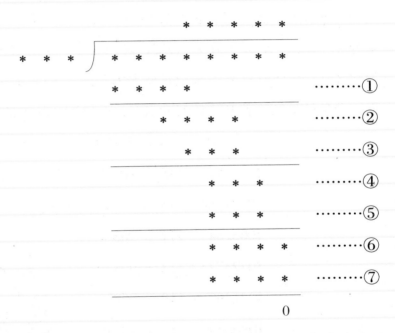

仔细观察可以发现，第②行从被除数上连续移下了两个数字，说明商的第二个数字是 0。我们设除数为 x，根据第④行和第⑤行可知，$7x$（商的倒数第二个数字与除数的乘积）的被减数不会大于 999，也不会小于 100。所以，

$7x$ 的最大值应小于 899，也就是说，x 的值不会大于 128。
接下来，可以知道第③行的数字大于 900，而第②行的数
字减去第③行的数字后变成了三位数。因此，商的第三个
数字应该是比 7.03（$900 \div 128 \approx 7.03$）大的数字，即为 8
或 9。而第①行和第⑦行都是四位数，所以商的第三个数
字为 8，最后一个数字为 9。答案已经出来了，此算式的商
为 90879。题目没有要求求出被除数和除数，但我们可以
把符合条件的被除数和除数都列出来，共 11 对，具体见下：

$$10360206 \div 114 = 90879$$

$$10451085 \div 115 = 90879$$

$$10541964 \div 116 = 90879$$

$$10632843 \div 117 = 90879$$

$$10723722 \div 118 = 90879$$

$$10814601 \div 119 = 90879$$

$$10905480 \div 120 = 90879$$

$$10996359 \div 121 = 90879$$

$$11087238 \div 122 = 90879$$

$$11178117 \div 123 = 90879$$

$$11268996 \div 124 = 90879$$

78 可以被11整除的数

一个九位数由 9 个不同数字组成，且能被 11 整除。那么，这个九位数的最大值是多少？最小值又是多少？

【解】一个数能被11整除，需要满足的条件是：其偶数位上的数字之和与奇数位上的数字之和的差应为0或能被11整除。以数字23658904为例。偶数位上的数字之和为 $3 + 5 + 9 + 4 = 21$，奇数位上的数字之和为 $2 + 6 + 8 + 0 = 16$，它们的差（用较大数减较小数）为 $21 - 16 = 5$。此差不能被11整除，从而表明23658904不能被11整除。再以数字7344535为例。偶数位上的数字之和为 $3 + 4 + 3 = 10$，奇数位上的数字之和为 $7 + 4 + 5 + 5 = 21$，差为11。此差可以被11整除，表明7344535 可以被11整除。经过这些分析，我们就可以写出满足条件的九位数了，同时也能算出，此九位数的最大值是987652413，最小值是102347586。

79 数字三角

如图48，在三角形的圆圈上填上数字1~9，使每条边上的数字之和为17。

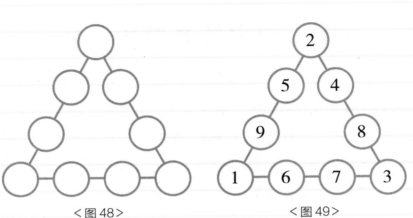

<图 48>　　　　　　<图 49>

【解】答案如图49所示。另，这不是唯一答案，你可以试着找出其他解法。

80　数字八角

如图50所示，将数字1～16填入八角图形的圆圈内，使每条边上的数字之和为34，且使每个正方形的四顶点之和也为34。

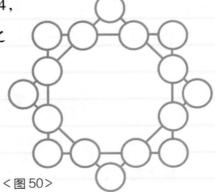

<图 50>

【解】 答案如图51所示。

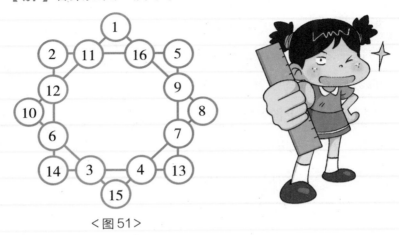

<图51>

81 数字六角

如图52所示，这个六角形的6条边上的数字之和都是26，但6个角上的数字之和却是30。请调整一下数字位置，使六角形每条边上的数字之和及6个角上的数字之和都是26。

【解】 图上的所有数字之和为78，如果6个角上的数字之和为26，那么图中的6个内部数字之和就是78 – 26 = 52。

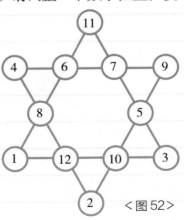

<图52>

再看图中的任意一个大三角形。因为大三角形每条边上的数字之和都是26，三条边上的数字总和就是$26 \times 3 = 78$，这样，3个角上的数字就被加了两次。由于六角形内部的6个数字之和为52，所以大三角形3个角上的数字之和就是（$78 - 52$）$\div 2 = 13$。如此答案就呼之

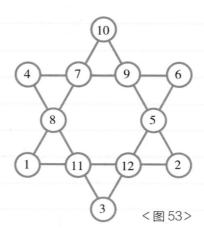

<图53>

欲出了。可以肯定的是，大三角形顶端的数字不能是11，也不能是12（请你说说原因），那么我们就从数字10开始尝试，从而快速确定出其另外两个角上的数字应为1和2。按照同样的方式一步步尝试，我们就能敲定所有数字的位置了。具体如图53所示。

82 一笔画图形

你来试一试，看看如何分别一笔画出下面 7 个图形。需要注意的是：在画每个图形时，笔尖不能离开纸张，不能画出多余线条，且一条线只能画一次。

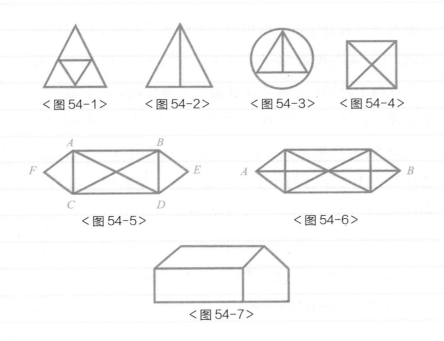

<图 54-1>   <图 54-2>   <图 54-3>   <图 54-4>

<图 54-5>   <图 54-6>

<图 54-7>

【解】在尝试中你会发现，有些图形无论从哪儿起笔都能一笔画出，有些图形只能从特定点开始才能一笔完成，还有些图形一笔根本画不出来。为什么会有这种区别呢？能不能在画之前就确定图形是否可以一笔画出？如果可以一笔画，那又应该从哪个点开始呢？

这些问题，已经有了理论答案。图形中，汇集各线条的交点称为"结点"。其中，汇集线条数为偶数的点称为"偶结点"，汇集线条数为奇数的点称为"奇结点"。如

果图形中没有奇结点，就可以一笔画出，从哪个点开始都可以，图 54-1 和图 54-5 就属于这种情况。如果图形中有一个或两个奇结点，那么从任何一个奇结点开始，都能一笔画成，图 54-2、图 54-3 和图 54-6 就属于这种情况，比如图 54-6 应从 A 点或 B 点起画。如果图形中的奇结点有两个以上（不含两个），那就无法一笔画出。图 54-4 和图 54-7 就是这种情况，它们都有 4 个奇结点。

上述说明，足以帮助我们在画之前分辨哪些图形无法一笔画出，哪些图形能一笔画出且可以从哪个点开始画。7 个图形的一笔画思路见下图。

<图 55-1>

<图 55-2>

<图 55-3>

<图 55-4>

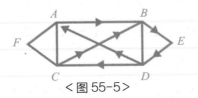

<图 55-5>

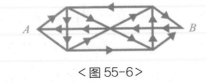

<图 55-6>

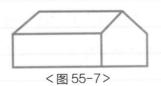

<图 55-7>

83 圣彼得堡的17桥问题

如图 56 所示，图上画的是俄罗斯圣彼得堡地区，该地区被 17 座桥连接了起来。请想一想，如何在每座桥只能走一次的情况下，走过全部 17 座桥。

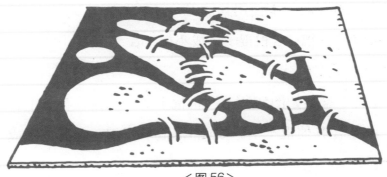

<图 56>

【解】答案如图57所示。

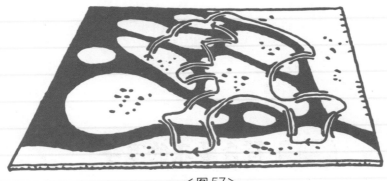

<图 57>

84 搭小桥

如图 58 所示，桌上有 3
个杯子和 3 根棍子，棍子分别
放在两个杯子之间。现在，请
在不移动杯子且不能使用其他工
具的前提下，把这 3 根棍子搭成小桥，
使所有杯子连在一起。

<图 58>

【解】答案如图59所示。将棍子的一端搭在杯子上，
另一端搭在其他棍子上，如此3根棍子便相互支撑，搭成
了小桥。

<图 59>

85 符合要求的塞子

如图 60 所示，一块木板上挖了 6 排孔，每排 3 个。

现在需要用木料做些塞子，使每排的 3 个孔都能堵上。

很明显，第一排的 3 个孔，用图中的那个长方形木块就能堵上。其余 5 排塞子难度大了许多，但对做过图纸的人来说却并不是问题，只要按照这些孔的投影来做就可以了。

<图60>

【解】符合条件的塞子如图61所示。

<图61>

86 比容量

如图 62 所示，有两个杯子，右侧杯子的高度是左侧杯子的 $\frac{1}{2}$，右侧杯子的直径又是左侧杯子的 $1\frac{1}{2}$ 倍。

又好看又好玩的　**大师数学课**

请问，哪个杯子容量更大？

<图62>

【解】如果高度相同，那么右侧杯子直径是左侧杯子的 $1\frac{1}{2}$ 倍，这也意味着其容量也是左侧杯子的 $(1\frac{1}{2})^2$，即 $2\frac{1}{4}$ 倍。实际上，右侧杯子只比左侧杯子的"矮"了 $\frac{1}{2}$，这就说明，右侧杯子容量更大。

87 哪个更重？

　　两个大小相同的正方体盒子（见图63）。第一个盒子里装着一个大铁球，大铁球的直径与盒子的高度相等，第二个盒子里则装满了整齐排列的小铁球。哪个盒子更重？

　　【解】第二个盒子，可以看作是由诸多小正方体组成的大正方体，而每个小正方体里都有一个小铁球。由此可知，大铁球在大正方体中所占的空间比例与小铁球在小正方体中所占的空间比例相同。下面，我们就来确定第二个盒子里的小铁球的数量。这不难，很显然是 $6 \times 6 \times 6 = 216$（个）。这 216 个小铁球在 216 个小正方体中所占的空间比例与一个小铁球在一个小正方体中所占的空间比例相同。换言之，前者与第一个盒子中的大铁球在大正方体中所占的空间比例也是相同的，所以结论是两个盒子一样重。

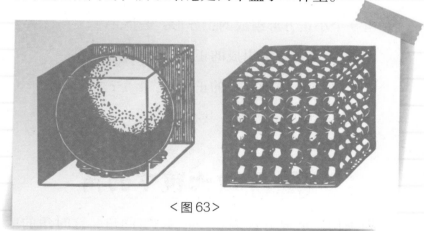

<图63>

88 正方形的数量

见图 64，数一数，图中一共有多少个正方形？

【解】千万不要说有 25 个，因为这只是小正方形的数量。除了小正方

<图64>

形，图中还有由 4 个小正方形、9 个小正方形及 16 个小正方形组成的正方形，它们的数量也不少呢。另外，别忘了还有个由 25 个小正方形组成的大正方形！所以正方形的数量是：

小正方形：25 个；

由 4 个小正方形组成的正方形：16 个；

由 9 个小正方形组成的正方形：9 个；

由 16 个小正方形组成的正方形：4 个；

由 25 个小正方形组成的正方形：1 个；

所以，图中的正方形一共有 55 个。

89 放大镜下的角

如果用 4 倍放大镜观察一个 1.5° 的角，这时角的度数是多少？

【解】如果你认为透过 4 倍放大镜观察到的角，度数应该是 $1.5° \times 4 = 6°$，那就大错特错了。透过放大镜观察角，其度数不会改变，仍是 1.5°。

90 能摞多高？

一个1立方米的方块由许多1立方毫米的小方块组成，如果把这些1立方毫米的小方块一个接一个摞起来，能摞多高？

【解】能摞——1000千米高！这个高度简直令人无法想象！下面来看一下如何得出的这个结果。

1立方米里共有1000×1000×1000个1立方毫米。1000×1000个1立方毫米小方块能摞成1000米，即1千米。这里有1000个1千米，所以摞出的高度是1000千米。

91 最短路线

一个高20厘米、直径10厘米的圆柱形罐子内壁，在距顶端3厘米的地方有一滴蜂蜜。其外壁与蜂蜜相对的位置上，则趴着一只苍蝇（见图65）。

请帮苍蝇找出爬到蜂蜜处的最短路线。

【解】首先把圆柱形罐子的侧表面展开，形成一个长方形（见图66-1）。该长方形的长正好是罐子的周长，即3.14×10＝

〈图65〉

31.4（厘米），而宽则为20
厘米。长方形中，苍蝇位于A
点，蜂蜜位于B点，两个点都
距离底边17厘米。A点、B点
相距半个圆周，即15.7厘米。
想要确定苍蝇爬到蜂蜜处的
最短路线，需要通过下面的
方法：如图66-2所示，从B点
画一条垂直于长方形上边线
的虚线，在与B点到上边线等
距离的地方得到C点。将A点

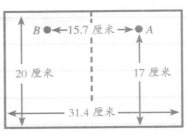

<图66-1>

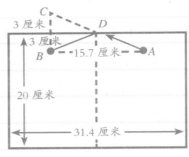

<图66-2>

与C点连接起来，D点就是苍蝇爬行时应该经过的点，而
ADB就是最短路线。找到这条路线后，再
将长方形卷成圆柱体，就会更加直观地看
出这条最短路线的形迹了（见图66-3）。

<图66-3>

92 多米诺骨牌

这里说的多米诺骨牌是一种俄式骨牌，一套骨牌有 28 张，每张牌上都刻着表示数字的圆点（数字 0 不刻）。现在我们从中挑选 4 张骨牌，将它们拼成正方形，使 4 条边的骨牌点数的和相等。摆法

<图 67>

如图 67 所示，4 张骨牌拼成了正方形，每条边的点数和都是 11。

那么，你能用一套骨牌摆出 7 个这样的正方形吗？只要每个正方形的 4 条边上的点数和相等即可。

【解】此题有多种解法，这里列举 1 种，见图 68：

<图 68>

这 7 个正方形中，每个正方形的 4 条边上的点数和都相等，第一个正方形各边的点数和都是 3，第二个正方形各边的点数和都是 6，第三个正方形的是 8，第四个正方形的是 9，第五个正方形的也是 9，第六个正方形的是 10，第七个正方形的是 16。

93 关于 "32" 的游戏

这个游戏得两个人一起玩。

在桌上放 32 根小木棍（或其他棍状物），参与游戏的人每次都可以拿走 1 根、2 根、3 根或 4 根木棍，每次拿的数量随意，但不能超过 4 根。第一个人拿完之后，第二个人再拿，依次下去，谁拿走最后一根木棍谁获胜。

这个游戏的有趣之处在于，第一个拿木棍的人，只要计算好所拿木棍的数量，就一定会赢。那么，你知道第一个拿木棍的人怎样做才能赢吗？

【解】这个游戏只要玩

一下，就能发现赢的秘诀。如果要赢，你得在倒数第二次拿木棍时，给对手留下5根，因为对手最多只能拿4根，而你能拿走剩下所有，于是稳赢。可是，怎样才能做到轮到你拿时，只给对手留下5根木棍呢？那就需要你在倒数第三次拿时，给对手留10根木棍，这样对手拿完后，至少会给你留下6根。轮到你时，你就可以留下5根，把其余的拿走。

那么，怎样才能做到轮到你拿时，给对手只留下10根木棍呢？这就需要你在倒数第四次拿时，给对手留下15根木棍。规律很明显了，即每次都比后一次给对手多留5根木棍。所以，倒数第五次拿时，就给对手留20根木棍，再往前就是分别留25根、30根。因为桌上只有32根木棍，所以你第一次拿时，只需拿走两根。

综上所述，赢的秘诀是，你第一次拿走两根木棍，之后不管对手拿走几根，你都给他留25根木棍，再之后，不管他拿多少，你都依次给他留20根、15根、10根木棍，直到最后留5根。这样操作下来，你会一直赢下去。

94 又一个关于"32"的游戏

这道题的内容与上题相似，但条件相反，即谁拿走最后一根木棍谁输。

现在，请你想想，怎样才能避免拿到最后一根木棍。

【解】当题目条件变为谁拿走最后一根木棍谁输时，你就得在倒数第二次拿木棍时，给对手留下6根。如此，不论对手怎么拿，剩下的木棍都不会多于5根，也不会少于两根。所以，无论如何，你都能给对手剩下1根木棍。而倒数第三次拿木棍时，你要给对手留下11根，以此类推，再往前应该留下16根、21根、26根和31根。

也就是说，第一次拿时，你只能拿走1根木棍，而后，你要给你的对手留下的木棍数分别是26根、21根、16根、11根和6根。

如此操作，最后一根木棍一定属于你的对手，你将稳赢。